THE
SIMPLE WAY TO
LEARN MULTIPLICATION

NICK

KERRIDGE

All rights reserved.

Copyright © 2020 by Nick Kerridge

No part of this book may be reproduced or transmitted in any form or by any means, electronic or mechanical, including photocopying, recording, or by any information storage and retrieval system, without permission in writing from the publisher.

This edition contains the complete text

of the original hardcover edition.

NOT ONE WORD HAS BEEN OMITTED.

THE SIMPLE WAY TO LEARN MULTIPLICATION

A Bad Creative Book / published by

arrangement with the author

BAD CREATIVE PUBLISHING HISTORY

The Simplest Way To Learn Italian published March 2019

The Simplest Way To Learn Spanish, published March 2017

UPCOMING WORKS

The Simplest Way To Learn Dutch 2, 2020

ISBN: 9798605797869

Vol. 1

Vol. 2

ALSO AVAILABLE IN

- AUDIO
- HARDCOVER
- E-BOOK

FORMATS

For updates on the next book, or if you'd just like us to have a cup of coffee on your behalf, please support us on the facebook page www.facebook.com/BadCreativ3

SOCIAL #TheSimplestWay #LearnDutch #BadCreativ3

CONTENTS

Chapter 1 -   One Times Table
Chapter 2 - Two Times Table
Chapter 3 - Three Times Table
Chapter 4 - Four Times Table
Chapter 5 - Five Times Table
Chapter 6 - Six Times Table
Chapter 7 – Seven Times Table
Chapter 8 – Eight Times Table

Chapter 9 – Nine Times Table

Chapter 10 – Ten Times Table
Chapter 11 – Eleven Times Table
Chapter 12 – Twelve Times Table
Chapter 13 – Thirteen Times Table
Chapter 14 – Fourteen Times Table
Chapter 15 – Fifteen Times Table
Chapter 16 – Sixteen Times Table
Chapter 17 – Seventeen Times Table
Chapter 18 – Eighteen Times Table
Chapter 19 – Nineteen Times Table
Chapter 20 – Twenty Times Table
Chapter 21 – Twenty - One Times Table
Chapter 22 – Twenty - Two Times Table
Chapter 23 – Twenty - Three Times Table
Chapter 24 – Twenty - Four Times Table
Chapter 25 – Twenty - Five Times Table
Contact info

FOREWORD

Multiplication is an essential learning requirement for your child's understanding of basic math operations.

Paired along with other algebraic functions (PEMDAS), this book serves to aid kids in their preparation for math tests, exams and other daily functions which may involve cognitive arithmetic like buying and selling. It makes use of the age-old learning techniques of repetition and rote memorization, to condition the brain for learning the multiplication tables as quickly as possible. In addition, an auxiliary feature called TEST mode has been included to aid the reader in a test for comprehension.

Finally, it should be noted that while this book will aid in visual memorization and learning, students must also be able to commit the tables to heart, so much so that the desired permutations are processed upon hearing. To help with this, there is an accompanying audiobook that will be made available, to enable listening lessons.

And so, from the stables of those who brought you The Simple Way Language Learning series, we present to you, The Simple Way To Learn Multiplication

CONTENTS

Chapter 1 - One Times Table
Chapter 2 - Two Times Table
Chapter 3 - Three Times Table
Chapter 4 - Four Times Table
Chapter 5 - Five Times Table
Chapter 6 - Six Times Table
Chapter 7 – Seven Times Table
Chapter 8 – Eight Times Table

Chapter 9 – Nine Times Table

Chapter 10 – Ten Times Table
Chapter 11 – Eleven Times Table
Chapter 12 – Twelve Times Table
Chapter 13 – Thirteen Times Table
Chapter 14 – Fourteen Times Table
Chapter 15 – Fifteen Times Table
Chapter 16 – Sixteen Times Table
Chapter 17 – Seventeen Times Table
Chapter 18 – Eighteen Times Table
Chapter 19 – Nineteen Times Table
Chapter 20 – Twenty Times Table
Chapter 21 – Twenty - One Times Table
Chapter 22 – Twenty - Two Times Table
Chapter 23 – Twenty - Three Times Table
Chapter 24 – Twenty - Four Times Table
Chapter 25 – Twenty - Five Times Table
Contact info

FOREWORD

Multiplication is an essential learning requirement for your child's understanding of basic math operations.

Paired along with other algebraic functions (PEMDAS), this book serves to aid kids in their preparation for math tests, exams and other daily functions which may involve cognitive arithmetic like buying and selling. It makes use of the age-old learning techniques of repetition and rote memorization, to condition the brain for learning the multiplication tables as quickly as possible. In addition, an auxiliary feature called TEST mode has been included to aid the reader in a test for comprehension.

Finally, it should be noted that while this book will aid in visual memorization and learning, students must also be able to commit the tables to heart, so much so that the desired permutations are processed upon hearing. To help with this, there is an accompanying audiobook that will be made available, to enable listening lessons.

And so, from the stables of those who brought you The Simple Way Language Learning series, we present to you, The Simple Way To Learn Multiplication

HOW TO USE THIS BOOK

1. This line is the training line (or T-Line if you prefer)

TRAINING TIME

It represents the end of a set of 50 equations to memorize.

2. You are required to cover the right side of the book & attempt to answer the equations preceding the line, off hand.
3. Each correct answer carries 1 point. Equations after the T-line but not up to 25, are considered as bonuses.
4. Do not proceed to the test mode until you have scored twenty-five points.
5. The TEST modes are designed to bolster your understanding of the usage of the multiplication tables, so be sure to score high on the training time recaps.

Now that you know the rules,
Let us begin.

Chapter 1
ONE TIMES TABLE

Key point : Any number multiplied by one is equal to itself.

1 x 1 =   1
1 x 2 =   2
1 x 3 =   3
1 x 4 =   4
1 x 5 =   5
1 x 6 =   6
1 x 7 =   7
1 x 8 =   8
1 x 9 =   9
1 x 10 =   10
1 x 11 =   11
1 x 12 =   12
1 x 13 =   13
1 x 14 =   14
1 x 15 =   15
1 x 16 =   16
1 x 17 =   17
1 x 18 =   18
1 x 19 =   19
1 x 20 =   20
1 x 21 =   21
1 x 22 =   22
1 x 23 =   23
1 x 24 =   24
1 x 25 =   25
1 x 26 =   26
1 x 27 =   27
1 x 28 =   28
1 x 29 =   29
1 x 30 =   30
1 x 31 =   31
1 x 32 =   32

1 x 33 =   33
1 x 34 =   34
1 x 35 =   35
1 x 36 =   36
1 x 37 =   37
1 x 38 =   38
1 x 39 =   39
1 x 40 =   40
1 x 41 =   41
1 x 42 =   42
1 x 43 =   43
1 x 44 =   44
1 x 45 =   45
1 x 46 =   46
1 x 47 =   47
1 x 48 =   48
1 x 49 =   49
1 x 50 =   50

TRAINING TIME

TEST MODE

1 x 5 = ?

The correct answer is 5

1 x 2 = ?

The correct answer is 2

1 x 3 = ?

The correct answer is 3

1 x 9 = ?

The correct answer is 9

1 x 10 = ?

The correct answer is 10

1 x 6 = ?

The correct answer is 6

1 x 1 = ?

The correct answer is 1

1 x 8 = ?

The correct answer is 8

1 x 4 = ?

The correct answer is 4

1 x 7 = ?

The correct answer is 7

Chapter 2

TWO TIMES TABLE

Key point : To master the 2 times table, just add 2 to the previous answer in the table's progression.

2 x 1 =	2
2 x 2 =	4
2 x 3 =	6
2 x 4 =	8
2 x 5 =	10
2 x 6 =	12
2 x 7 =	14
2 x 8 =	16
2 x 9 =	18
2 x 10 =	20
2 x 11 =	22
2 x 12 =	24
2 x 13 =	26
2 x 14 =	28
2 x 15 =	30
2 x 16 =	32
2 x 17 =	34
2 x 18 =	36
2 x 19 =	38
2 x 20 =	40
2 x 21 =	42
2 x 22 =	44
2 x 23 =	46
2 x 24 =	48
2 x 25 =	50
2 x 26 =	52
2 x 27 =	54
2 x 28 =	56
2 x 29 =	58
2 x 30 =	60
2 x 31 =	62
2 x 32 =	64

2 x 33 =   **66**

2 x 34 =   **68**

2 x 35 =   **70**

2 x 36 =   **72**

2 x 37 =   **74**

2 x 38 =   **76**

2 x 39 =   **78**

2 x 40 =   **80**

2 x 41 =   **82**

2 x 42 =   **84**

2 x 43 =   **86**

2 x 44 =   **88**

2 x 45 =   **90**

2 x 46 =   **92**

2 x 47 =   **94**

2 x 48 =   **96**

2 x 49 =   **98**

2 x 50 =   **100**

TRAINING TIME

TEST MODE

2 x 10 = ?

The correct answer is 20

2 x 3 = ?

The correct answer is 6

2 x 4 = ?

The correct answer is 8

2 x 5 = ?

The correct answer is 10

2 x 1 = ?

The correct answer is 2

2 x 8 = ?

The correct answer is 16

2 x 7 = ?

The correct answer is 14

2 x 2 = ?

The correct answer is 4

2 x 6 = ?

The correct answer is 12

2 x 9 = ?

The correct answer is 18

Chapter 3

THREE TIMES TABLE

Key point : To master the 3 times table, just add 3 to the previous answer in the table's progression.

3 x 1 =	3
3 x 2 =	6
3 x 3 =	9
3 x 4 =	12
3 x 5 =	15
3 x 6 =	18
3 x 7 =	21
3 x 8 =	24
3 x 9 =	27
3 x 10 =	30
3 x 11 =	33
3 x 12 =	36
3 x 13 =	39
3 x 14 =	42
3 x 15 =	45
3 x 16 =	48
3 x 17 =	51
3 x 18 =	54
3 x 19 =	57
3 x 20 =	60
3 x 21 =	63
3 x 22 =	66
3 x 23 =	69
3 x 24 =	72
3 x 25 =	75
3 x 26 =	78
3 x 27 =	81
3 x 28 =	84
3 x 29 =	87
3 x 30 =	90
3 x 31 =	93
3 x 32 =	96

3 x 33 =	99
3 x 34 =	102
3 x 35 =	105
3 x 36 =	108
3 x 37 =	111
3 x 38 =	114
3 x 39 =	117
3 x 40 =	120
3 x 41 =	123
3 x 42 =	126
3 x 43 =	129
3 x 44 =	132
3 x 45 =	135
3 x 46 =	138
3 x 47 =	141
3 x 48 =	144
3 x 49 =	147
3 x 50 =	150

TRAINING TIME

TEST MODE

3 x 9 = ?

The correct answer is 27

3 x 7 = ?

The correct answer is 21

3 x 8 = ?

The correct answer is 24

3 x 10 = ?

The correct answer is 30

3 x 6 = ?

The correct answer is 18

3 x 3 = ?

The correct answer is 9

3 x 4 = ?

The correct answer is 12

3 x 5 = ?

The correct answer is 15

3 x 2 = ?

The correct answer is 6

3 x 1 = ?

The correct answer is 3

Chapter 4

FOUR TIMES TABLE

Key point : To master the 4 times table, just add 4 to the previous answer in the table's progression.

4 x 1 =	4
4 x 2 =	8
4 x 3 =	12
4 x 4 =	16
4 x 5 =	20
4 x 6 =	24
4 x 7 =	28
4 x 8 =	32
4 x 9 =	36
4 x 10 =	40
4 x 11 =	44
4 x 12 =	48
4 x 13 =	52
4 x 14 =	56
4 x 15 =	60
4 x 16 =	64
4 x 17 =	68
4 x 18 =	72
4 x 19 =	76
4 x 20 =	80
4 x 21 =	84
4 x 22 =	88
4 x 23 =	92
4 x 24 =	96
4 x 25 =	100
4 x 26 =	104
4 x 27 =	108
4 x 28 =	112
4 x 29 =	116
4 x 30 =	120
4 x 31 =	124
4 x 32 =	128

4 x 33 =	132
4 x 34 =	136
4 x 35 =	140
4 x 36 =	144
4 x 37 =	148
4 x 38 =	152
4 x 39 =	156
4 x 40 =	160
4 x 41 =	164
4 x 42 =	168
4 x 43 =	172
4 x 44 =	176
4 x 45 =	180
4 x 46 =	184
4 x 47 =	188
4 x 48 =	192
4 x 49 =	196
4 x 50 =	200

TRAINING TIME

TEST MODE

4 x 5 = ?

The correct answer is 20

4 x 2 = ?

The correct answer is 8

4 x 4 = ?

The correct answer is 16

4 x 1 = ?

The correct answer is 4

4 x 10 = ?

The correct answer is 40

4 x 9 = ?

The correct answer is 36

4 x 7 = ?

The correct answer is 28

4 x 6 = ?

The correct answer is 24

4 x 3 = ?

The correct answer is 12

4 x 8 = ?

The correct answer is 32

Chapter 5

FIVE TIMES TABLE

Key point : To master the 5 times table, just add 5 to the previous answer in the table's progression.

5 x 1 =	5
5 x 2 =	10
5 x 3 =	15
5 x 4 =	20
5 x 5 =	25
5 x 6 =	30
5 x 7 =	35
5 x 8 =	40
5 x 9 =	45
5 x 10 =	50
5 x 11 =	55
5 x 12 =	60
5 x 13 =	65
5 x 14 =	70
5 x 15 =	75
5 x 16 =	80
5 x 17 =	85
5 x 18 =	90
5 x 19 =	95
5 x 20 =	100
5 x 21 =	105
5 x 22 =	110
5 x 23 =	115
5 x 24 =	120
5 x 25 =	125
5 x 26 =	130
5 x 27 =	135
5 x 28 =	140
5 x 29 =	145
5 x 30 =	150
5 x 31 =	155
5 x 32 =	160

5 x 33 =   165
5 x 34 =   170
5 x 35 =   175
5 x 36 =   180
5 x 37 =   185
5 x 38 =   190
5 x 39 =   195
5 x 40 =   200
5 x 41 =   205
5 x 42 =   210
5 x 43 =   215
5 x 44 =   220
5 x 45 =   225
5 x 46 =   230
5 x 47 =   235
5 x 48 =   240
5 x 49 =   245
5 x 50 =   250

TRAINING TIME

TEST MODE

5 x 1 = ?

The correct answer is 5

5 x 7 = ?

The correct answer is 35

5 x 8 = ?

The correct answer is 40

5 x 9 = ?

The correct answer is 45

5 x 10 = ?

The correct answer is 50

5 x 2 = ?

The correct answer is 10

5 x 5 = ?

The correct answer is 25

5 x 3 = ?

The correct answer is 15

5 x 4 = ?

The correct answer is 20

5 x 6 = ?

The correct answer is 30

Chapter 6

SIX TIMES TABLE

Key point : To master the 6 times table, just add 6 to the previous answer in the table's progression.

6 x 1 =	6
6 x 2 =	12
6 x 3 =	18
6 x 4 =	24
6 x 5 =	30
6 x 6 =	36
6 x 7 =	42
6 x 8 =	48
6 x 9 =	54
6 x 10 =	60
6 x 11 =	66
6 x 12 =	72
6 x 13 =	78
6 x 14 =	84
6 x 15 =	90
6 x 16 =	96
6 x 17 =	102
6 x 18 =	108
6 x 19 =	114
6 x 20 =	120
6 x 21 =	126
6 x 22 =	132
6 x 23 =	138
6 x 24 =	144
6 x 25 =	150
6 x 26 =	156
6 x 27 =	162
6 x 28 =	168
6 x 29 =	174
6 x 30 =	180
6 x 31 =	186
6 x 32 =	192

6 x 33 =	198
6 x 34 =	204
6 x 35 =	210
6 x 36 =	216
6 x 37 =	222
6 x 38 =	228
6 x 39 =	234
6 x 40 =	240
6 x 41 =	246
6 x 42 =	252
6 x 43 =	258
6 x 44 =	264
6 x 45 =	270
6 x 46 =	276
6 x 47 =	282
6 x 48 =	288
6 x 49 =	294
6 x 50 =	300

TRAINING TIME

TEST MODE

6 x 4 = ?

The correct answer is 24

6 x 8 = ?

The correct answer is 48

6 x 9 = ?

The correct answer is 54

6 x 10 = ?

The correct answer is 60

6 x 6 = ?

The correct answer is 36

6 x 2 = ?

The correct answer is 12

6 x 1 = ?

The correct answer is 6

6 x 7 = ?

The correct answer is 42

6 x 3 = ?

The correct answer is 18

6 x 5 = ?

The correct answer is 30

Chapter 7

SEVEN TIMES TABLE

Key point : To master the 7 times table, just add 7 to the previous answer in the table's progression.

7 x 1 =	7
7 x 2 =	14
7 x 3 =	21
7 x 4 =	28
7 x 5 =	35
7 x 6 =	42
7 x 7 =	49
7 x 8 =	56
7 x 9 =	63
7 x 10 =	70
7 x 11 =	77
7 x 12 =	84
7 x 13 =	91
7 x 14 =	98
7 x 15 =	105
7 x 16 =	112
7 x 17 =	119
7 x 18 =	126
7 x 19 =	133
7 x 20 =	140
7 x 21 =	147
7 x 22 =	154
7 x 23 =	161
7 x 24 =	168
7 x 25 =	175
7 x 26 =	182
7 x 27 =	189
7 x 28 =	196
7 x 29 =	203
7 x 30 =	210
7 x 31 =	217
7 x 32 =	224

7 x 33 =   231
7 x 34 =   238
7 x 35 =   245
7 x 36 =   252
7 x 37 =   259
7 x 38 =   266
7 x 39 =   273
7 x 40 =   280
7 x 41 =   287
7 x 42 =   294
7 x 43 =   301
7 x 44 =   308
7 x 45 =   315
7 x 46 =   322
7 x 47 =   329
7 x 48 =   336
7 x 49 =   343
7 x 50 =   350

TRAINING TIME

TEST MODE

7 x 9 = ?

The correct answer is 63

7 x 3 = ?

The correct answer is 21

7 x 2 = ?

The correct answer is 14

7 x 4 = ?

The correct answer is 28

7 x 1 = ?

The correct answer is 7

7 x 10 = ?

The correct answer is 70

7 x 6 = ?

The correct answer is 42

7 x 5 = ?

The correct answer is 35

7 x 8 = ?

The correct answer is 56

7 x 7 = ?

The correct answer is 49

Chapter 8

EIGHT TIMES TABLE

Key point : To master the 8 times table, just add 8 to the previous answer in the table's progression.

8 x 1 =	8
8 x 2 =	16
8 x 3 =	24
8 x 4 =	32
8 x 5 =	40
8 x 6 =	48
8 x 7 =	56
8 x 8 =	64
8 x 9 =	72
8 x 10 =	80
8 x 11 =	88
8 x 12 =	96
8 x 13 =	104
8 x 14 =	112
8 x 15 =	120
8 x 16 =	128
8 x 17 =	136
8 x 18 =	144
8 x 19 =	152
8 x 20 =	160
8 x 21 =	168
8 x 22 =	176
8 x 23 =	184
8 x 24 =	192
8 x 25 =	200
8 x 26 =	208
8 x 27 =	216
8 x 28 =	224
8 x 29 =	232
8 x 30 =	240
8 x 31 =	248
8 x 32 =	256

8 x 33 =   264
8 x 34 =   272
8 x 35 =   280
8 x 36 =   288
8 x 37 =   296
8 x 38 =   304
8 x 39 =   312
8 x 40 =   320
8 x 41 =   328
8 x 42 =   336
8 x 43 =   344
8 x 44 =   352
8 x 45 =   360
8 x 46 =   368
8 x 47 =   376
8 x 48 =   384
8 x 49 =   392
8 x 50 =   400

TRAINING TIME

TEST MODE

8 x 7 = ?

The correct answer is 56

8 x 10 = ?

The correct answer is 80

8 x 5 = ?

The correct answer is 40

8 x 6 = ?

The correct answer is 48

8 x 4 = ?

The correct answer is 32

8 x 2 = ?

The correct answer is 16

8 x 1 = ?

The correct answer is 8

8 x 8 = ?

The correct answer is 64

8 x 9 = ?

The correct answer is 72

8 x 3 = ?

The correct answer is 24

Chapter 9

NINE TIMES TABLE

Key point : To master the 9 times table, just add 9 to the previous answer in the table's progression.

9 x 1 =	9
9 x 2 =	18
9 x 3 =	27
9 x 4 =	36
9 x 5 =	45
9 x 6 =	54
9 x 7 =	63
9 x 8 =	72
9 x 9 =	81
9 x 10 =	90
9 x 11 =	99
9 x 12 =	108
9 x 13 =	117
9 x 14 =	126
9 x 15 =	135
9 x 16 =	144
9 x 17 =	153
9 x 18 =	162
9 x 19 =	171
9 x 20 =	180
9 x 21 =	189
9 x 22 =	198
9 x 23 =	207
9 x 24 =	216
9 x 25 =	225
9 x 26 =	234
9 x 27 =	243
9 x 28 =	252
9 x 29 =	261
9 x 30 =	270
9 x 31 =	279
9 x 32 =	288

9 x 33 =   297
9 x 34 =   306
9 x 35 =   315
9 x 36 =   324
9 x 37 =   333
9 x 38 =   342
9 x 39 =   351
9 x 40 =   360
9 x 41 =   369
9 x 42 =   378
9 x 43 =   387
9 x 44 =   396
9 x 45 =   405
9 x 46 =   414
9 x 47 =   423
9 x 48 =   432
9 x 49 =   441
9 x 50 =   450

TRAINING TIME

TEST MODE

9 x 9 = ?

The correct answer is 81

9 x 10 = ?

The correct answer is 90

9 x 1 = ?

The correct answer is 9

9 x 7 = ?

The correct answer is 63

9 x 2 = ?

The correct answer is 18

9 x 3 = ?

The correct answer is 27

9 x 4 = ?

The correct answer is 36

9 x 6 = ?

The correct answer is 54

9 x 8 = ?

The correct answer is 72

9 x 5 = ?

The correct answer is 45

Chapter 10

TEN TIMES TABLE

Key point : To master the 10 times table, just add 10 to the previous answer in the table's progression. Or add a zero to the number being multiplied by 10

10 x 1 =	10
10 x 2 =	20
10 x 3 =	30
10 x 4 =	40
10 x 5 =	50
10 x 6 =	60
10 x 7 =	70
10 x 8 =	80
10 x 9 =	90
10 x 10 =	100
10 x 11 =	110
10 x 12 =	120
10 x 13 =	130
10 x 14 =	140
10 x 15 =	150
10 x 16 =	160
10 x 17 =	170
10 x 18 =	180
10 x 19 =	190
10 x 20 =	200
10 x 21 =	210
10 x 22 =	220
10 x 23 =	230
10 x 24 =	240
10 x 25 =	250
10 x 26 =	260
10 x 27 =	270
10 x 28 =	280
10 x 29 =	290
10 x 30 =	300
10 x 31 =	310

10 x 32 =	320
10 x 33 =	330
10 x 34 =	340
10 x 35 =	350
10 x 36 =	360
10 x 37 =	370
10 x 38 =	380
10 x 39 =	390
10 x 40 =	400
10 x 41 =	410
10 x 42 =	420
10 x 43 =	430
10 x 44 =	440
10 x 45 =	450
10 x 46 =	460
10 x 47 =	470
10 x 48 =	480
10 x 49 =	490
10 x 50 =	500

TRAINING TIME

TEST MODE

10 x 9 = ?

The correct answer is 90

10 x 8 = ?

The correct answer is 80

10 x 6 = ?

The correct answer is 60

10 x 1 = ?

The correct answer is 10

10 x 3 = ?

The correct answer is 30

10 x 4 = ?

The correct answer is 40

10 x 2 = ?

The correct answer is 20

10 x 7 = ?

The correct answer is 70

10 x 10 = ?

The correct answer is 100

10 x 5 = ?

The correct answer is 50

Chapter 11

ELEVEN TIMES TABLE

Key point : To master the 11 times table, just add 11 to the previous answer in the table's progression.

11 x 1 =	11
11 x 2 =	22
11 x 3 =	33
11 x 4 =	44
11 x 5 =	55
11 x 6 =	66
11 x 7 =	77
11 x 8 =	88
11 x 9 =	99
11 x 10 =	110
11 x 11 =	121
11 x 12 =	132
11 x 13 =	143
11 x 14 =	154
11 x 15 =	165
11 x 16 =	176
11 x 17 =	187
11 x 18 =	198
11 x 19 =	209
11 x 20 =	220
11 x 21 =	231
11 x 22 =	242
11 x 23 =	253
11 x 24 =	264
11 x 25 =	275
11 x 26 =	286
11 x 27 =	297
11 x 28 =	308
11 x 29 =	319
11 x 30 =	330
11 x 31 =	341
11 x 32 =	352

11 x 33 =	363
11 x 34 =	374
11 x 35 =	385
11 x 36 =	396
11 x 37 =	407
11 x 38 =	418
11 x 39 =	429
11 x 40 =	440
11 x 41 =	451
11 x 42 =	462
11 x 43 =	473
11 x 44 =	484
11 x 45 =	495
11 x 46 =	506
11 x 47 =	517
11 x 48 =	528
11 x 49 =	539
11 x 50 =	550

TRAINING TIME

TEST MODE

11 x 8 = ?

The correct answer is 88

11 x 4 = ?

The correct answer is 44

11 x 1 = ?

The correct answer is 11

11 x 10 = ?

The correct answer is 110

11 x 9 = ?

The correct answer is 99

11 x 3 = ?

The correct answer is 33

11 x 6 = ?

The correct answer is 66

11 x 7 = ?

The correct answer is 77

11 x 5 = ?

The correct answer is 55

11 x 2 = ?

The correct answer is 22

Chapter 12

TWELVE TIMES TABLE

Key point : To master the 12 times table, just add 12 to the previous answer in the table's progression.

12 x 1 =	12
12 x 2 =	24
12 x 3 =	36
12 x 4 =	48
12 x 5 =	60
12 x 6 =	72
12 x 7 =	84
12 x 8 =	96
12 x 9 =	108
12 x 10 =	120
12 x 11 =	132
12 x 12 =	144
12 x 13 =	156
12 x 14 =	168
12 x 15 =	180
12 x 16 =	192
12 x 17 =	204
12 x 18 =	216
12 x 19 =	228
12 x 20 =	240
12 x 21 =	252
12 x 22 =	264
12 x 23 =	276
12 x 24 =	288
12 x 25 =	300
12 x 26 =	312
12 x 27 =	324
12 x 28 =	336
12 x 29 =	348
12 x 30 =	360
12 x 31 =	372
12 x 32 =	384

12 x 33 =   396
12 x 34 =   408
12 x 35 =   420
12 x 36 =   432
12 x 37 =   444
12 x 38 =   456
12 x 39 =   468
12 x 40 =   480
12 x 41 =   492
12 x 42 =   504
12 x 43 =   516
12 x 44 =   528
12 x 45 =   540
12 x 46 =   552
12 x 47 =   564
12 x 48 =   576
12 x 49 =   588
12 x 50 =   600

TRAINING TIME

TEST MODE

12 x 3 = ?

The correct answer is 36

12 x 64 = ?

The correct answer is 72

12 x 10 = ?

The correct answer is 120

12 x 5 = ?

The correct answer is 60

12 x 9 = ?

The correct answer is 108

12 x 7 = ?

The correct answer is 84

12 x 8 = ?

The correct answer is 96

12 x 2 = ?

The correct answer is 24

12 x 1 = ?

The correct answer is 12

12 x 4 = ?

The correct answer is 48

Chapter 13

THIRTEEN TIMES TABLE

Key point : To master the 13 times table, just add 13 to the previous answer in the table's progression.

13 x 1 =	13
13 x 2 =	26
13 x 3 =	39
13 x 4 =	52
13 x 5 =	65
13 x 6 =	78
13 x 7 =	91
13 x 8 =	104
13 x 9 =	117
13 x 10 =	130
13 x 11 =	143
13 x 12 =	156
13 x 13 =	169
13 x 14 =	182
13 x 15 =	195
13 x 16 =	208
13 x 17 =	221
13 x 18 =	234
13 x 19 =	247
13 x 20 =	260
13 x 21 =	273
13 x 22 =	286
13 x 23 =	299
13 x 24 =	312
13 x 25 =	325
13 x 26 =	338
13 x 27 =	351
13 x 28 =	364
13 x 29 =	377
13 x 30 =	390
13 x 31 =	403
13 x 32 =	416

13 x 33 =	429
13 x 34 =	442
13 x 35 =	455
13 x 36 =	468
13 x 37 =	481
13 x 38 =	494
13 x 39 =	507
13 x 40 =	520
13 x 41 =	533
13 x 42 =	546
13 x 43 =	559
13 x 44 =	572
13 x 45 =	585
13 x 46 =	598
13 x 47 =	611
13 x 48 =	624
13 x 49 =	637
13 x 50 =	650

TRAINING TIME

TEST MODE

13 x 5 = ?

The correct answer is 65

13 x 4 = ?

The correct answer is 52

13 x 1 = ?

The correct answer is 13

13 x 9 = ?

The correct answer is 117

13 x 8 = ?

The correct answer is 104

13 x 7 = ?

The correct answer is 91

13 x 3 = ?

The correct answer is 39

13 x 6 = ?

The correct answer is 78

13 x 10 = ?

The correct answer is 130

13 x 2 = ?

The correct answer is 26

Chapter 14

FOURTEEN TIMES TABLE

Key point : To master the 14 times table, just add 14 to the previous answer in the table's progression.

14 x 1 =	14
14 x 2 =	28
14 x 3 =	42
14 x 4 =	56
14 x 5 =	70
14 x 6 =	84
14 x 7 =	98
14 x 8 =	112
14 x 9 =	126
14 x 10 =	140
14 x 11 =	154
14 x 12 =	168
14 x 13 =	182
14 x 14 =	196
14 x 15 =	210
14 x 16 =	224
14 x 17 =	238
14 x 18 =	252
14 x 19 =	266
14 x 20 =	280
14 x 21 =	294
14 x 22 =	308
14 x 23 =	322
14 x 24 =	336
14 x 25 =	350
14 x 26 =	364
14 x 27 =	378
14 x 28 =	392
14 x 29 =	406
14 x 30 =	420
14 x 31 =	434
14 x 32 =	448

14 x 33 =   462
14 x 34 =   476
14 x 35 =   490
14 x 36 =   504
14 x 37 =   518
14 x 38 =   532
14 x 39 =   546
14 x 40 =   560
14 x 41 =   574
14 x 42 =   588
14 x 43 =   602
14 x 44 =   616
14 x 45 =   630
14 x 46 =   644
14 x 47 =   658
14 x 48 =   672
14 x 49 =   686
14 x 50 =   700

TRAINING TIME

TEST MODE

14 x 7 = ?

The correct answer is 98

14 x 3 = ?

The correct answer is 42

14 x 4 = ?

The correct answer is 56

14 x 9 = ?

The correct answer is 126

14 x 5 = ?

The correct answer is 70

14 x 1 = ?

The correct answer is 14

14 x 6 = ?

The correct answer is 84

14 x 2 = ?

The correct answer is 28

14 x 10 = ?

The correct answer is 140

14 x 8 = ?

The correct answer is 112

Chapter 15

FIFTEEN TIMES TABLE

Key point : To master the 15 times table, just add 15 to the previous answer in the table's progression.

15 x 1 =	15
15 x 2 =	30
15 x 3 =	45
15 x 4 =	60
15 x 5 =	75
15 x 6 =	90
15 x 7 =	105
15 x 8 =	120
15 x 9 =	135
15 x 10 =	150
15 x 11 =	165
15 x 12 =	180
15 x 13 =	195
15 x 14 =	210
15 x 15 =	225
15 x 16 =	240
15 x 17 =	255
15 x 18 =	270
15 x 19 =	285
15 x 20 =	300
15 x 21 =	315
15 x 22 =	330
15 x 23 =	345
15 x 24 =	360
15 x 25 =	375
15 x 26 =	390
15 x 27 =	405
15 x 28 =	420
15 x 29 =	435
15 x 30 =	450
15 x 31 =	465
15 x 32 =	480

15 x 33 =	**495**
15 x 34 =	**510**
15 x 35 =	**525**
15 x 36 =	**540**
15 x 37 =	**555**
15 x 38 =	**570**
15 x 39 =	**585**
15 x 40 =	**600**
15 x 41 =	**615**
15 x 42 =	**630**
15 x 43 =	**645**
15 x 44 =	**660**
15 x 45 =	**675**
15 x 46 =	**690**
15 x 47 =	**705**
15 x 48 =	**720**
15 x 49 =	**735**
15 x 50 =	**750**

TRAINING TIME

TEST MODE

15 x 3 = ?

The correct answer is 45

15 x 5 = ?

The correct answer is 75

15 x 8 = ?

The correct answer is 120

15 x 7 = ?

The correct answer is 105

15 x 1 = ?

The correct answer is 15

15 x 4 = ?

The correct answer is 60

15 x 6 = ?

The correct answer is 90

15 x 10 = ?

The correct answer is 150

15 x 2 = ?

The correct answer is 30

15 x 9 = ?

The correct answer is 135

Chapter 16

SIXTEEN TIMES TABLE

Key point : To master the 16 times table, just add 16 to the previous answer in the table's progression.

16 x 1 =	16
16 x 2 =	32
16 x 3 =	48
16 x 4 =	64
16 x 5 =	80
16 x 6 =	96
16 x 7 =	112
16 x 8 =	128
16 x 9 =	144
16 x 10 =	160
16 x 11 =	176
16 x 12 =	192
16 x 13 =	208
16 x 14 =	224
16 x 15 =	240
16 x 16 =	256
16 x 17 =	272
16 x 18 =	288
16 x 19 =	304
16 x 20 =	320
16 x 21 =	336
16 x 22 =	352
16 x 23 =	368
16 x 24 =	384
16 x 25 =	400
16 x 26 =	416
16 x 27 =	432
16 x 28 =	448
16 x 29 =	464
16 x 30 =	480
16 x 31 =	496
16 x 32 =	512

16 x 33 =   528
16 x 34 =   544
16 x 35 =   560
16 x 36 =   576
16 x 37 =   592
16 x 38 =   608
16 x 39 =   624
16 x 40 =   640
16 x 41 =   656
16 x 42 =   672
16 x 43 =   688
16 x 44 =   704
16 x 45 =   720
16 x 46 =   736
16 x 47 =   752
16 x 48 =   768
16 x 49 =   784
16 x 50 =   800

TRAINING TIME

TEST MODE

16 x 5 = ?

The correct answer is 80

16 x 2 = ?

The correct answer is 32

16 x 4 = ?

The correct answer is 64

16 x 7 = ?

The correct answer is 112

16 x 10 = ?

The correct answer is 160

16 x 6 = ?

The correct answer is 96

16 x 9 = ?

The correct answer is 144

16 x 3 = ?

The correct answer is 48

16 x 8 = ?

The correct answer is 128

16 x 1 = ?

The correct answer is 16

Chapter 17

SEVENTEEN TIMES TABLE

Key point : To master the 17 times table, just add 17 to the previous answer in the table's progression.

17 x 1 =	17
17 x 2 =	34
17 x 3 =	51
17 x 4 =	68
17 x 5 =	85
17 x 6 =	102
17 x 7 =	119
17 x 8 =	136
17 x 9 =	153
17 x 10 =	170
17 x 11 =	187
17 x 12 =	204
17 x 13 =	221
17 x 14 =	238
17 x 15 =	255
17 x 16 =	272
17 x 17 =	289
17 x 18 =	306
17 x 19 =	323
17 x 20 =	340
17 x 21 =	357
17 x 22 =	374
17 x 23 =	391
17 x 24 =	408
17 x 25 =	425
17 x 26 =	442
17 x 27 =	459
17 x 28 =	476
17 x 29 =	493
17 x 30 =	510
17 x 31 =	527
17 x 32 =	544

17 x 33 =					561
17 x 34 =					578
17 x 35 =					595
17 x 36 =					612
17 x 37 =					629
17 x 38 =					646
17 x 39 =					663
17 x 40 =					680
17 x 41 =					697
17 x 42 =					714
17 x 43 =					731
17 x 44 =					748
17 x 45 =					765
17 x 46 =					782
17 x 47 =					799
17 x 48 =					816
17 x 49 =					833
17 x 50 =					850

TRAINING TIME

TEST MODE

17 x 2 = ?

The correct answer is 34

17 x 1 = ?

The correct answer is 17

17 x 6 = ?

The correct answer is 102

17 x 4 = ?

The correct answer is 68

17 x 10 = ?

The correct answer is 170

17 x 3 = ?

The correct answer is 51

17 x 5 = ?

The correct answer is 85

17 x 7 = ?

The correct answer is 119

17 x 8 = ?

The correct answer is 136

17 x 9 = ?

The correct answer is 153

Chapter 18

EIGHTEEN TIMES TABLE

Key point : To master the 18 times table, just add 18 to the previous answer in the table's progression.

18 x 1 =	18
18 x 2 =	36
18 x 3 =	54
18 x 4 =	72
18 x 5 =	90
18 x 6 =	108
18 x 7 =	126
18 x 8 =	144
18 x 9 =	162
18 x 10 =	180
18 x 11 =	198
18 x 12 =	216
18 x 13 =	234
18 x 14 =	252
18 x 15 =	270
18 x 16 =	288
18 x 17 =	306
18 x 18 =	324
18 x 19 =	342
18 x 20 =	360
18 x 21 =	378
18 x 22 =	396
18 x 23 =	414
18 x 24 =	432
18 x 25 =	450
18 x 26 =	468
18 x 27 =	486
18 x 28 =	504
18 x 29 =	522
18 x 30 =	540
18 x 31 =	558
18 x 32 =	576

18 x 33 =	594
18 x 34 =	612
18 x 35 =	630
18 x 36 =	648
18 x 37 =	666
18 x 38 =	684
18 x 39 =	702
18 x 40 =	720
18 x 41 =	738
18 x 42 =	756
18 x 43 =	774
18 x 44 =	792
18 x 45 =	810
18 x 46 =	828
18 x 47 =	846
18 x 48 =	864
18 x 49 =	882
18 x 50 =	900

TRAINING TIME

TEST MODE

18 x 6 = ?

The correct answer is 108

18 x 9 = ?

The correct answer is 162

18 x 4 = ?

The correct answer is 72

18 x 5 = ?

The correct answer is 90

18 x 7 = ?

The correct answer is 126

18 x 2 = ?

The correct answer is 36

18 x 10 = ?

The correct answer is 180

18 x 8 = ?

The correct answer is 144

18 x 3 = ?

The correct answer is 54

18 x 1 = ?

The correct answer is 18

Chapter 19

NINETEEN TIMES TABLE

Key point : To master the 19 times table, just add 19 to the previous answer in the table's progression.

19 x 1 =	19
19 x 2 =	38
19 x 3 =	57
19 x 4 =	76
19 x 5 =	95
19 x 6 =	114
19 x 7 =	133
19 x 8 =	152
19 x 9 =	171
19 x 10 =	190
19 x 11 =	209
19 x 12 =	228
19 x 13 =	243
19 x 14 =	266
19 x 15 =	285
19 x 16 =	304
19 x 17 =	323
19 x 18 =	342
19 x 19 =	361
19 x 20 =	380
19 x 21 =	399
19 x 22 =	418
19 x 23 =	437
19 x 24 =	456
19 x 25 =	475
19 x 26 =	494
19 x 27 =	513
19 x 28 =	532
19 x 29 =	551
19 x 30 =	570
19 x 31 =	589
19 x 32 =	608

19 x 33 =	**627**
19 x 34 =	**646**
19 x 35 =	**665**
19 x 36 =	**684**
19 x 37 =	**703**
19 x 38 =	**722**
19 x 39 =	**741**
19 x 40 =	**760**
19 x 41 =	**779**
19 x 42 =	**798**
19 x 43 =	**817**
19 x 44 =	**836**
19 x 45 =	**855**
19 x 46 =	**874**
19 x 47 =	**893**
19 x 48 =	**912**
19 x 49 =	**931**
19 x 50 =	**950**

TRAINING TIME

TEST MODE

19 x 6 = ?

The correct answer is 114

19 x 3 = ?

The correct answer is 57

19 x 9 = ?

The correct answer is 171

19 x 2 = ?

The correct answer is 38

19 x 4 = ?

The correct answer is 76

19 x 8 = ?

The correct answer is 152

19 x 10 = ?

The correct answer is 190

19 x 7 = ?

The correct answer is 133

19 x 1 = ?

The correct answer is 19

19 x 5 = ?

The correct answer is 95

Chapter 20

TWENTY TIMES TABLE

Key point : To master the 20 times table, just add 20 to the previous answer in the table's progression.

20 x 1 =	20
20 x 2 =	40
20 x 3 =	60
20 x 4 =	80
20 x 5 =	100
20 x 6 =	120
20 x 7 =	140
20 x 8 =	160
20 x 9 =	180
20 x 10 =	200
20 x 11 =	220
20 x 12 =	240
20 x 13 =	260
20 x 14 =	280
20 x 15 =	300
20 x 16 =	320
20 x 17 =	340
20 x 18 =	360
20 x 19 =	380
20 x 20 =	400
20 x 21 =	420
20 x 22 =	440
20 x 23 =	460
20 x 24 =	480
20 x 25 =	500
20 x 26 =	520
20 x 27 =	540
20 x 28 =	560
20 x 29 =	580
20 x 30 =	600
20 x 31 =	620
20 x 32 =	640

20 x 33 =	**660**
20 x 34 =	**680**
20 x 35 =	**700**
20 x 36 =	**720**
20 x 37 =	**740**
20 x 38 =	**760**
20 x 39 =	**780**
20 x 40 =	**800**
20 x 41 =	**820**
20 x 42 =	**840**
20 x 43 =	**860**
20 x 44 =	**880**
20 x 45 =	**900**
20 x 46 =	**920**
20 x 47 =	**940**
20 x 48 =	**960**
20 x 49 =	**980**
20 x 50 =	**1000**

TRAINING TIME

TEST MODE

20 x 6 = ?

The correct answer is 114

20 x 3 = ?

The correct answer is 57

20 x 9 = ?

The correct answer is 171

20 x 2 = ?

The correct answer is 38

20 x 4 = ?

The correct answer is 76

20 x 8 = ?

The correct answer is 152

20 x 10 = ?

The correct answer is 190

20 x 7 = ?

The correct answer is 133

20 x 1 = ?

The correct answer is 19

20 x 5 = ?

The correct answer is 95

Chapter 21

TWENTY ONE TIMES TABLE

Key point : To master the 21 times table, just add 21 to the previous answer in the table's progression.

21 x 1 =	21
21 x 2 =	42
21 x 3 =	63
21 x 4 =	84
21 x 5 =	105
21 x 6 =	126
21 x 7 =	147
21 x 8 =	168
21 x 9 =	189
21 x 10 =	210
21 x 11 =	231
21 x 12 =	252
21 x 13 =	273
21 x 14 =	294
21 x 15 =	315
21 x 16 =	336
21 x 17 =	357
21 x 18 =	378
21 x 19 =	399
21 x 20 =	420
21 x 21 =	441
21 x 22 =	462
21 x 23 =	483
21 x 24 =	504
21 x 25 =	525
21 x 26 =	546
21 x 27 =	567
21 x 28 =	588
21 x 29 =	609
21 x 30 =	630
21 x 31 =	651
21 x 32 =	672

21 x 33 = 693
21 x 34 = 714
21 x 35 = 735
21 x 36 = 756
21 x 37 = 777
21 x 38 = 798
21 x 39 = 819
21 x 40 = 840
21 x 41 = 861
21 x 42 = 882
21 x 43 = 903
21 x 44 = 924
21 x 45 = 945
21 x 46 = 966
21 x 47 = 987
21 x 48 = 1008
21 x 49 = 1029
21 x 50 = 1050

TRAINING TIME

TEST MODE

21 x 6 = ?

The correct answer is 126

21 x 3 = ?

The correct answer is 63

21 x 9 = ?

The correct answer is 189

21 x 2 = ?

The correct answer is 42

21 x 4 = ?

The correct answer is 84

21 x 8 = ?

The correct answer is 168

21 x 10 = ?

The correct answer is 210

21 x 7 = ?

The correct answer is 147

21 x 1 = ?

The correct answer is 21

21 x 5 = ?

The correct answer is 105

Chapter 22

TWENTY TWO TIMES TABLE

Key point : To master the 22 times table, just add 22 to the previous answer in the table's progression.

22 x 1 =	22
22 x 2 =	44
22 x 3 =	66
22 x 4 =	88
22 x 5 =	110
22 x 6 =	132
22 x 7 =	154
22 x 8 =	176
22 x 9 =	198
22 x 10 =	220
22 x 11 =	242
22 x 12 =	264
22 x 13 =	286
22 x 14 =	308
22 x 15 =	330
22 x 16 =	352
22 x 17 =	374
22 x 18 =	396
22 x 19 =	418
22 x 20 =	440
22 x 21 =	462
22 x 22 =	484
22 x 23 =	506
22 x 24 =	528
22 x 25 =	550
22 x 26 =	572
22 x 27 =	594
22 x 28 =	616
22 x 29 =	638
22 x 30 =	660
22 x 31 =	682
22 x 32 =	704

22 x 33 =	**726**
22 x 34 =	**748**
22 x 35 =	**770**
22 x 36 =	**792**
22 x 37 =	**814**
22 x 38 =	**836**
22 x 39 =	**858**
22 x 40 =	**880**
22 x 41 =	**902**
22 x 42 =	**924**
22 x 43 =	**946**
22 x 44 =	**968**
22 x 45 =	**990**
22 x 46 =	**1012**
22 x 47 =	**1034**
22 x 48 =	**1056**
22 x 49 =	**1078**
22 x 50 =	**1100**

TRAINING TIME

TEST MODE

22 x 6 = ?

The correct answer is 110

22 x 3 = ?

The correct answer is 66

22 x 9 = ?

The correct answer is 198

22 x 2 = ?

The correct answer is 44

22 x 4 = ?

The correct answer is 88

22 x 8 = ?

The correct answer is 176

22 x 10 = ?

The correct answer is 220

22 x 7 = ?

The correct answer is 154

22 x 1 = ?

The correct answer is 22

22 x 5 = ?

The correct answer is 110

Chapter 23

TWENTY THREE TIMES TABLE

Key point : To master the 23 times table, just add 23 to the previous answer in the table's progression.

23 x 1 =	23
23 x 2 =	46
23 x 3 =	69
23 x 4 =	92
23 x 5 =	115
23 x 6 =	138
23 x 7 =	161
23 x 8 =	184
23 x 9 =	207
23 x 10 =	230
23 x 11 =	253
23 x 12 =	276
23 x 13 =	299
23 x 14 =	322
23 x 15 =	345
23 x 16 =	368
23 x 17 =	391
23 x 18 =	414
23 x 19 =	437
23 x 20 =	460
23 x 21 =	483
23 x 22 =	506
23 x 23 =	529
23 x 24 =	552
23 x 25 =	575
23 x 26 =	598
23 x 27 =	621
23 x 28 =	644
23 x 29 =	667
23 x 30 =	690
23 x 31 =	713
23 x 32 =	736

23 x 33 =	759
23 x 34 =	782
23 x 35 =	805
23 x 36 =	828
23 x 37 =	851
23 x 38 =	874
23 x 39 =	897
23 x 40 =	920
23 x 41 =	943
23 x 42 =	966
23 x 43 =	989
23 x 44 =	1012
23 x 45 =	1035
23 x 46 =	1058
23 x 47 =	1081
23 x 48 =	1104
23 x 49 =	1127
23 x 50 =	1150

TRAINING TIME

TEST MODE

23 x 6 = ?

The correct answer is 138

23 x 3 = ?

The correct answer is 69

23 x 9 = ?

The correct answer is 207

23 x 2 = ?

The correct answer is 46

23 x 4 = ?

The correct answer is 92

23 x 8 = ?

The correct answer is 184

23 x 10 = ?

The correct answer is 230

23 x 7 = ?

The correct answer is 161

23 x 1 = ?

The correct answer is 23

23 x 5 = ?

The correct answer is 115

Chapter 24

TWENTY FOUR TIMES TABLE

Key point : To master the 24 times table, just add 24 to the previous answer in the table's progression.

24 x 1 =	24
24 x 2 =	48
24 x 3 =	72
24 x 4 =	96
24 x 5 =	120
24 x 6 =	144
24 x 7 =	168
24 x 8 =	192
24 x 9 =	216
24 x 10 =	240
24 x 11 =	264
24 x 12 =	288
24 x 13 =	312
24 x 14 =	280
24 x 15 =	336
24 x 16 =	360
24 x 17 =	384
24 x 18 =	408
24 x 19 =	432
24 x 20 =	480
24 x 21 =	504
24 x 22 =	528
24 x 23 =	552
24 x 24 =	576
24 x 25 =	600
24 x 26 =	624
24 x 27 =	648
24 x 28 =	672
24 x 29 =	696
24 x 30 =	720
24 x 31 =	744
24 x 32 =	768

24 x 33 =   792
24 x 34 =   816
24 x 35 =   840
24 x 36 =   864
24 x 37 =   888
24 x 38 =   912
24 x 39 =   936
24 x 40 =   960
24 x 41 =   984
24 x 42 =   1008
24 x 43 =   1032
24 x 44 =   1056
24 x 45 =   1080
24 x 46 =   1104
24 x 47 =   1128
24 x 48 =   1152
24 x 49 =   1176
24 x 50 =   1200

TRAINING TIME

TEST MODE

24 x 6 = ?

The correct answer is 144

24 x 3 = ?

The correct answer is 72

24 x 9 = ?

The correct answer is 216

24 x 2 = ?

The correct answer is 48

24 x 4 = ?

The correct answer is 96

24 x 8 = ?

The correct answer is 192

24 x 10 = ?

The correct answer is 240

24 x 7 = ?

The correct answer is 168

24 x 1 = ?

The correct answer is 24

24 x 5 = ?

The correct answer is 120

Chapter 25

TWENTY FIVE TIMES TABLE

Key point : To master the 25 times table, just add 25 to the previous answer in the table's progression.

25 x 1 =	25
25 x 2 =	50
25 x 3 =	75
25 x 4 =	100
25 x 5 =	125
25 x 6 =	150
25 x 7 =	175
25 x 8 =	200
25 x 9 =	225
25 x 10 =	250
25 x 11 =	275
25 x 12 =	300
25 x 13 =	325
25 x 14 =	350
25 x 15 =	375
25 x 16 =	400
25 x 17 =	425
25 x 18 =	450
25 x 19 =	475
25 x 20 =	500
25 x 21 =	525
25 x 22 =	550
25 x 23 =	575
25 x 24 =	600
25 x 25 =	625
25 x 26 =	650
25 x 27 =	675
25 x 28 =	700
25 x 29 =	725
25 x 30 =	750
25 x 31 =	775
25 x 32 =	800

25 x 33 = 825
25 x 34 = 850
25 x 35 = 875
25 x 36 = 900
25 x 37 = 925
25 x 38 = 950
25 x 39 = 975
25 x 40 = 1000
25 x 41 = 1025
25 x 42 = 1050
25 x 43 = 1075
25 x 44 = 1100
25 x 45 = 1125
25 x 46 = 1150
25 x 47 = 1175
25 x 48 = 1200
25 x 49 = 1225
25 x 50 = 1250

TRAINING TIME

TEST MODE

25 x 6 = ?

The correct answer is 150

25 x 3 = ?

The correct answer is 75

25 x 9 = ?

The correct answer is 225

25 x 2 = ?

The correct answer is 50

25 x 4 = ?

The correct answer is 100

25 x 8 = ?

The correct answer is 200

25 x 10 = ?

The correct answer is 250

25 x 7 = ?

The correct answer is 175

25 x 1 = ?

The correct answer is 25

25 x 5 = ?

The correct answer is 125

END OF BOOK ONE

For the complete experience, please get the second and third book in the series

#THESIMPLEWAYTOLEARNMULTIPLICATION

For updates on the next book, we're available on twitter as the @BadCreativ3, and on facebook
www.facebook.com/BadCreativ3

OTHER BADCREATIVE BOOKS

The Simple Way To Learn French

The Simple Way To Learn Spanish

The Simple Way To Learn Italian

Thank you for reading, and we hope you'd be kind enough to drop us a review on our amazon page.

www.ingramcontent.com/pod-product-compliance
Lightning Source LLC
Chambersburg PA
CBHW052119110526
44592CB00013B/1672